目 录

蝉：歌声带来热烈的夏天　　　/1

蟋蟀：挖呀挖，挖洞穴　　　/9

萤火虫：麻醉技术高超　　　/17

天牛：触角最引人注目　　　/25

螳螂：捕食时够凶狠　　　/35

蝗虫：无恶不作，爱糟蹋庄稼　　　/45

蟹蛛："守花待蜂"袭击蜜蜂　　　/53

蚂蚁：搬家时是"全巢总动员"　　　/61

蚊子：斗智斗勇挺有趣　　　　　/69

蜜蜂：蜂房由工蜂造出来　　　　/79

蝴蝶：装点了整个春天　　　　　/87

蜻蜓：看似娇小，性情却凶猛　　/99

金龟甲：轻而易举"战胜"我　　　　/109

灶马：守着灶台有吃有喝　　　　　/117

蟑螂：神出鬼没，让人无可奈何　　/125

后　记　　　　　　　　　　　　　/133

李庆辉 主编

身边的自然课

虫鸣唧唧唧

何腾江 文
吴可量 图

希望出版社

图书在版编目（CIP）数据

虫鸣唧唧 / 李庆辉主编；何腾江文；吴可量图.
-- 太原：希望出版社，2024.6
（身边的自然课）
ISBN 978-7-5379-9016-5

Ⅰ.①虫… Ⅱ.①李… ②何… ③吴… Ⅲ.①昆虫—儿童读物 Ⅳ.①Q96-49

中国国家版本馆CIP数据核字(2024)第100563号

SHENBIAN DE ZIRAN KE CHONGMING JIJI
身边的自然课 虫鸣唧唧

李庆辉　主编
何腾江　文　　吴可量　图

出 版 人：王　琦	美术编辑：安　星
责任编辑：乔　艳	封面设计：蓝美华
复　　审：翟丽莎	装帧设计：安　星
终　　审：王　琦	责任印制：田祥宗　李世信

出版发行：希望出版社
地　　址：山西省太原市建设南路21号
开　　本：880mm×1230mm　1/32　　印　张：4.5
版　　次：2024年6月第1版　　印　次：2024年6月第1次印刷
印　　刷：山西基因包装印刷科技股份有限公司

书　　号：ISBN 978-7-5379-9016-5　　定　价：28.00元

版权所有　盗版必究

蝉:歌声带来热烈的夏天

当蝉的歌声响起来的时候,孩子们就知道,夏天轰轰烈烈地来了……

最初的几声蝉声,其实还是春蝉的叫声,约莫在四月,也就是暮春时节吧。在灵界村的时候,最初被蝉声吸引过来的孩子,也许都是些调皮的孩子。

那些调皮的孩子,就包括我。

蛙声好不容易叫醒了春天,但是,我到池塘边寻觅了好几回,仍然找不到一只青蛙。

到了夏天就不一样了,轻而易举就能遇见一只春蝉。这只春蝉才开始鸣唱,我就循着歌声"定位"它了。

这只春蝉趴在一棵松树上认真地鸣唱着单调的曲子。那是爷爷当年种下的松树,整个灵界村只有我们家拥有这种松树。

在一个霸道孩子的眼里,这棵属于自家的松树,大凡树上的一切,都理所当然属于自家的。眼看着其他小伙伴要打松树上春蝉的主意,我便大声吼道:"不

许动我家的蝉!"

这理直气壮的话语,倒也镇住了不少的孩子。于是,这只春蝉自然而然就成了我的春蝉。

每一年,在蝉的"演唱会"上,春蝉总是率先出场。在勤劳的蜜蜂开始辛勤地采蜜时,春蝉便开始鸣唱了。接下来出场的,便是蟪蛄,也就是我们所说的夏蝉。

蟪蛄是真正拉开夏天序幕的主角。它是一种比较小型的蝉,紫青色,有黑纹。

到了五六月,蟪蛄几乎是从早唱到晚,歌声不绝于耳,尤其是成群齐鸣时,那声响排山倒海,就像一场响遏行云的交响乐。

其实,在灵界村,我时常见到的是油蝉,也就是大家所说的"知了"。油蝉的两翅打开的时候,褐色的翅膀透亮,马上会让人想到"薄如蝉翼"这个成语。

油蝉又肥又大,胸部略带点褐色。这一身最不打眼的装扮,却是我最深刻的记忆。我捉住油蝉的时候,

喜欢将它翻过来,让它"四脚朝天"。这是一个孩子的恶作剧。

油蝉的肚子上还有一层白粉盖着,我自以为是地认为,那是因为太阳没晒到,所以不像它的背部那样颜色深,就像我的肚子一样,也是白花花的。这是一个孩子单纯的想象力。

成了俘虏的油蝉,就偃旗息鼓了。我左瞧瞧,右看看,其实是在寻找它的发声器。那是每只蝉的秘密机关,诱惑着我不断地探寻。

灵界村的孩子都知道,只有雄蝉才会鸣唱。那些捉到手的雌蝉,很快就被我们放飞了。毕竟,捉到一只不会叫的蝉,那是要被人笑话的。

雄蝉的鸣叫声,激发着每一个孩子的雄心壮志。那时候,我们的雄心壮志,就是捉到一只又雄壮又会鸣唱的雄蝉。

此时,再调皮的孩子也会沉下心来,专心致志地研究蝉的发声器。这时,被我捉住的油蝉居然噤若寒蝉。于是,我用手轻轻一捏它的肚子,它就叫一下;手一松,它又不出声了。多捏几次,油蝉的肚子就被我捏瘪了。

正当我开始后悔自己的行为时,油蝉的肚子又鼓了起来,一下子又让我来了兴趣。我将它举起来,对着阳光一照,发现它的肚子竟是空的,也许里面装着的是空气。后来才知道,那是蝉的共鸣室,这样的构造会让蝉的声音更大。

我折腾了半天,依然寻不到油蝉的发声器,这是少年

时代一直揭不开的谜。后来读到陶秉珍的《昆虫漫话》,才知道蝉歌的"出处":

左右空窝的外侧,腹背接合的地方,有一个小小的孔,用个平的腹瓣盖着,里面是比左右空窝更深,但又十分狭窄的一条隧道,这叫鼓室。后翅着生处的后面,有卵色而低低的隆起,就是这鼓室的外壁。如果把它揭去,那么发音的鼓膜便能看到了。

原来,蝉并非由鸣囊或擦翅、磨脚来发声,它是靠腹部鼓膜里的发声器发出或高或低的叫声的。

油蝉的歌声在七八月尤其响亮,虽单调,却是整个夏天的高潮。

　　这时候的蝉声,就是整个灵界村的全部。从大清早开始,油蝉就在我家旁边的龙眼树上开始歌唱。唱一段,停一段;接着又唱一段,然后又停一段。起起伏伏,直至日落西山。当蟋蟀声响起,蝉声才停歇。

　　突然有一天,我的耳边似乎清静了下来,偶尔听见几声断断续续的蝉鸣,颇有哀婉悲切之感。原来,那是寒蝉的歌声了,意味着夏早毕,秋已来,蝉声渐次"哑"了下来。

　　时光流转,似乎都在一声又一声的蝉声里。只是,我最怀念的,还是灵界村夏天里此起彼伏的蝉声,那是最浓稠的乡愁。

自然课堂

蝉的一生，要是说它的成虫期，其实是非常短的。它从地下爬出来，在树上实现脱皮后，大概也只有一个月的时间。我曾经写过一首儿童诗，就叫《蝉只开一个月的演唱会》："一年／两年／……／蝉一直在黑暗的地下／等啊等／用好长好长的光阴／才踏上夏天的舞台／开一个月的演唱会／收——场——了"诗里涉及的科普知识点，就是蝉的成虫期。

其实，蝉的生命肯定不止一个月。它的若虫期短则两三年，长则十几年。

蝉卵一开始是雌蝉产在树皮里，卵化之后，若虫会沿着树皮往地里钻，直到钻到地下，然后靠吸食植物根中的汁液生活。

若虫在地下经过四五次蜕皮后再爬出地面，找到草木进行最后一次蜕皮，最终才变成蝉。

蟋蟀：挖呀挖，挖洞穴

到了十月末，雷州半岛的天气渐次凉了下来，尤其是晚上，露水打在院子里的竹席上，用手轻轻一擦，上面的露珠从手心一直凉透至心里……

这时候，院子角落里的蟋蟀不再叫得欢了。它也许正忙着筑巢呢。毕竟，生性孤僻的蟋蟀是典型的穴居者，不修个像样的居室，可怎么过冬呢？

于是,蟋蟀开始用前足挖掘。它选择的是院子角落的一块泥土,那里正好有几株杂草掩盖着。我家院子里全是泥土,时常长着杂草,似乎刚拔掉这株,另一株又长了起来,生生不息。

蟋蟀正躲在草丛下不知疲倦地挖呀挖。我看见它用两排锯齿似的后足又是蹬又是踢,前足挖出来的土,全被后足腾挪到身后,渐渐地堆成土堆,像一个小小的斜坡。

一开始,蟋蟀干起活来还挺利索的,想必是觉得自己很快就可以拥有居室了，动力十足。别的昆虫，才不会那么辛苦地掘穴呢！它们要么寻找一块开裂的树皮，又或者爬到一块石砾下，便能栖身了。

这么说，蟋蟀对居室还是很讲究的。

在我耐心观察的时候，蟋蟀似乎是累了，趴在土堆上歇着，头也贴着土块，触角微微一颤，仿佛在说："我就歇一会儿，就一会儿。"

似乎才歇了半刻钟，蟋蟀又爬起来，继续用前足刨土，后足往后蹬……往后，它干一会儿，歇一会儿。我蹲到脚都有点麻了，于是用一只手撑着地，起身，忙别的去了。

过了几天，我才想起来草丛下的蟋蟀。走过去，掀开草丛，发现洞口处正好向着阳光，阳光透过草丛的枝叶照下来。它正趴在洞口晒太阳。这般悠闲，许是惬意得很。

我又蹲下了身，蟋蟀立马就往洞里退，直至整个

身子退到了洞里。可是,细长的触角还露在洞口外。我悄悄伸手过去,就在触碰到它触角的瞬间,蟋蟀很快消失在我的视野里。

我的好奇心又来了,于是折断一根树枝,轻轻拨弄着,想着逗弄蟋蟀。但躲在洞里的蟋蟀始终没有任何动静,想必它正躲在洞穴的某个角落嘲笑我呢。

后来,我读到陶秉珍的《昆虫漫话》,里面写到了蟋蟀的洞穴,非常有意思:

穴的内部,非常朴素,可是并不粗陋,它已费了长长的时间,把不愉快的凹凸,全部消除了。从穴口起，先是一条指头般粗，六七寸长的走廊。走廊的尽头，便是一间卧室，比别部打磨得更光滑，更宽大，这是它休息的地方。穴内非常清洁，毫无湿气，很合卫生。

在筑好巢之后，蟋蟀还有一个神圣的使命，那就是交尾，以便传种。

此时，雄虫就会不停地鸣叫，以吸引雌虫。如果认真聆听，还会听出同一种蟋蟀发出不同的声音。像那些突然响起来的急促声，很可能是同性进入了它的领地。于是，它拼命警告："赶紧离开，否则后果自负。"要是一阵又一阵响亮的悠长的鸣叫声，那便是召唤声，是对雌虫发出来的求偶信号。

有趣的是，昆虫界同样时常战火不断。要是两只雄性蟋蟀相遇了，尤其是在争夺雌虫时，总是免不了大动干戈的：两只雄蟋蟀头顶着头，这样的架势就好像两个孩子在"顶牛"。双方都狠狠地往对方的头部

身边的 自 然 课

咬去，显然，那是徒劳的。因为蟋蟀的头壳是一顶坚硬的头盔。于是，双方又换了一种进攻的方法，扬起铁钳，扭在了一起。一方一用力，就将对方扬到半空；在半空的另一方一用力，其中一方招架不住，于是双双一起摔在地上，继而继续扭打在一块。

战况虽酣,但并不算太惨烈,至少没有发生流血事件。它们依然在你拱我顶,立起,又伏下。没多久,很快就分出胜负——败者落荒而逃,胜者高奏凯歌。这时候的歌声,仿佛有两种意思:羞辱落败者和向雌虫炫耀。

很快,高昂的歌声渐次变成低吟,雄虫还在原地焦灼地鸣唱,显然是在急切地等待雌虫出现,可是没有……

但雄虫并没有因此而放弃,继续发出低沉的颤音,一声紧过一声。躲在一旁的雌虫终于被感动,于是悄悄爬了出来。雄虫喜不自禁,爬到雌虫的面前,继而进行交尾,以完成一项神圣的任务。

自然课堂

无论是在城市,还是在乡村,蟋蟀并不难遇见,但需要一点点的耐心。尤其是到了晚夏初秋时,蹲在有泥土的院落,总能听见蟋蟀的鸣叫声。

最常见的蟋蟀的鸣叫声,多是嚯——嚯——嚯声。一开始,可能有些孩子会误认为,蟋蟀的鸣叫声是用嘴唱出来的,其实不是。蟋蟀的鸣叫声是用翅膀发出来的。

长期观察蟋蟀还会发现,蟋蟀的鸣叫声其实跟天气极为相关。毫无疑问,它也是一个"天气预报员"。当酷暑来临时,蟋蟀鸣叫得很欢,歌声也激扬得多;当秋风乍起,寒露渐至,蟋蟀的歌声就渐次凄切。

这一点,蟋蟀跟蝉是极为相似的。

萤火虫:麻醉技术高超

萤火虫"提着灯笼"往稻田里飞的时候,星星点点的荧光在夏天的夜晚,忽明忽暗,就像大地的眼睛,一眨一眨的,诗意盎然。

谁也想不到,接下来的一幕,很难谈得上"诗意",因为一场"战争"马上就要上演了。

没错,萤火虫不是去稻田里装点风景的,而是去

捕食蜗牛了。

灵界村的稻田里，时常积水，湿漉漉的，那里是蜗牛最喜欢的地方。许多蜗牛趴在稻秆上，不时还蚕食着稻叶。

自然万物，总是一物降一物。蜗牛的天敌里就有萤火虫。

萤火虫看似娇弱，实则凶狠。它有六只短小的足，跟八只足的蜘蛛一样，都拥有出色的"足技"。要是仔细观察，很容易就会发现，萤火虫不仅是飞行小能手，还是奔跑小选手。

说萤火虫狠毒，一点也不为过。萤火虫在面对一只蜗牛的时候，用它针状的上颚攻击蜗牛的软体，然后把毒液注入蜗牛的体内。这种毒液就像外科医生的麻醉剂一样。于是，蜗牛慢慢地就失去了知觉。

法布尔在《昆虫记》里惟妙惟肖地写到萤火虫"做手术"时的细节：

它像在与蜗牛"拉钩"。它在拉钩时,有条不紊,慢条斯理,每拉一次,都要稍事休息片刻,似乎是在观察拉钩的效果。它拉钩的次数并不多,顶多五六次,就足以把猎物制服,使之动弹不得。

失去知觉的蜗牛，就任凭萤火虫摆布了。虽说萤火虫是肉食动物，但它并不是咀嚼蜗牛，而是吮吸蜗牛的体液。有意思的是，当一只萤火虫在吮吸蜗牛体液的时候，总有另一只，甚至两三只萤火虫不劳而获，也飞过来"共享晚餐"。

一开始，我还以为萤火虫之间会发生"抢食战争"。显然，我猜错了。每一只萤火虫都有一个液化装置，它们轻而易举就能将蜗牛肉变成流质，就像我们锅里的粥一样，那是"蜗牛肉粥"。每一只萤火虫都颇有秩序，你一口，我一口，大家都吮吸得津津有味。

很快，萤火虫就吃饱喝足，扬长而去，只撇下蜗牛的空壳……

记忆里，我时常在灵界村的稻秆上发现空壳的蜗牛，当时并不知道，昨晚在这里发生了一场"战争"。那时候，我很难想象到，一场看似惊心动魄的"战争"，却如此不动声色。这只能说明，萤火虫真是一个拥有高超技术的"麻醉师"。

知道了萤火虫的战术后，我不时想象，萤火虫在飞抵蜗牛的身边时，这只慢吞吞的家伙也许还没反应过来，萤火虫就以迅雷不及掩耳之势给它注射了毒液，让蜗牛毫无还手之力。

令人完全想不到的是，在一枝轻摇的稻秆上竟发生了如此惨烈的"战争"，居然没有"翻车"之迹。被掏空了的蜗牛壳，依然稳稳当当地趴在稻秆上，仿佛是蜗牛自个儿"睡"着了的样子。

年少时，我似乎对这样的"战争"并不太感兴趣。

毕竟，自然万物的"战争"在灵界村无时无刻不在发生。一个孩子的兴趣，总是千奇百怪，且变幻莫测。一只萤火虫吸引孩子的目光，其实主要靠的是它的荧光。它的身体上挂着的那只小小的"灯笼"，可谓扬名四海。

千真万确，这才是我一直追逐的目标。

萤火虫腹部末端的"灯笼"，是它的发光器。有的发光器还会呈现出光带状，那是发育成熟的雌虫拥有的色彩。

萤火虫发出来的光是黄绿色的，虽亮却并没有多

少照明功能。那时语文老师为了鼓励我们读书，特意讲述了"车胤好学，常聚萤火读书"的故事。

也许只是好奇心的驱使，我与同伴捉来好几只萤火虫，放置于瓶内，端过来，对着书本照来照去，却照不出几个字。这般荧光，真能读书吗？

也许，故事里的萤火虫营造出来的景象，只是文学作品里美好的意象。

自然课堂

萤火虫是一种小型甲虫,既有水生的,也有陆生的。萤火虫的一生,其实一直在发光:卵在母体里就开始发光了;幼虫刚出生,也在发光。

更让人惊奇的是,萤火虫还可以控制自己"灯笼"的亮度。比如,萤火虫如果想让"灯笼"亮一点,就通过发光层的粗管吸入更多的空气,光线就会随之增亮;要是吸入的空气少了,它的光线就会暗下去,甚至灭了。这就是在黑夜中肉眼看到的萤火虫忽明忽暗的奥秘所在。

天牛:触角最引人注目

年少时住在灵界村,我有一项雷打不动的家庭作业,那就是劈柴。那时候,家家户户的厨房里,全是三角灶——用砖头砌起来的三角灶。这样的灶台,烧火做饭,全靠木柴。

木柴从山坡上砍下来,堆在院子里,任凭风吹雨打。有些木柴来不及烧,就这么腐烂了;也有些木柴,

结实得很,总要用斧子劈开来,否则都塞不进灶台。

劈柴的时候,总是会遇见一些惊喜的。许多树干里,时不时"长"着一些洞眼,那里藏着不少的虫子:蜂、蚁,或者天牛。它们或在树洞里过冬,或在树干的隧道里繁殖,又或者只是跑到树洞里看个热闹……

那些刚砍下来没多久,至少还没风干的树干里,最容易藏着天牛。那是我在劈柴的日子里总结出来的经验,还真是"实践出真知"呀!

天牛的幼虫，在树干里蠕动着往前爬，坚持不懈地挖洞，挖出一条深长的隧道，直至由幼虫变成成虫。这个过程，极为奇妙。

要是遇上一段正在成长的树干，于天牛幼虫而言，当然是最好的温床。这些被昆虫学家称为"蠕动的小肠"的幼虫，"躲"在暗无天日的树干里，似乎都要做足三年的活儿，才能蜕变为成虫。

记得劈柴的时候，随着砰的一声，一段木柴一分

身边的 自 然 课

为二,倒在地上。此时,偶尔就会看到天牛的蛹——似乎是已经带有颜色的蛹,要是再等上一段时间,或者就会变成成虫了。也有一些成虫,等着春暖花开的时候,才会冲破产房爬出来。只是此时,产房被破坏了,它被暴露在光天化日之下。成虫扭动着饱胀的肚子,一副不情愿的样子,真是有意思。

其实,天牛的卵最开始是雌天牛咬破了树皮,产在树干里的。卵孵化成幼虫后,幼虫一点一点地往树干里钻,然后在树干里经历漫长的等待后,变成蛹,再变成成虫……

天牛的幼虫有着像木匠的半圆凿一样的上颚,黑乎乎的,短而坚硬,且有力。就是利用这样的上颚,幼虫在树干里成天凿呀凿。那些带有养分的木屑,便是它的食物。它一边挖隧道,一边吞食木屑,吸收了养分后,便排泄出来,丢在身后,然后继续往前挖。随着工程的不断推进,幼虫既有食物供应,又有安身

之所。最重要的是，这里是最安全的，绝不用担心有天敌闯进来，因为那可是一条秘密通道。

由于需要天天挖隧道，天牛幼虫的力量全都用在前半部分。于是，它的上颚进化成杵头状。正是这样的两片半圆凿形的上颚，成为其最好的工具。

有一次，我才刚刚劈断一段树干，一条肥硕的天牛幼虫就掉了出来。在旁边的公鸡眼尖，跳出来欲啄食的时候，我大喝一声，将公鸡驱逐了。这只幼虫仿如象牙般白，体内有着丰富的脂肪，倒是公鸡喜欢的食物。

幼虫似乎想逃跑，于是身子后半部的步带鼓胀了起来，向前压缩着身子前半部的步带，让身子蠕动着向前进。我顺势蹲了下来，仔细观察时，发现幼虫在每一次蠕动时，都会将身子伸长，努力缩小身体的直径，使整个身子向前滑动。这样的动作，让我想起了毛毛虫。

就在这个时候，我突发奇想，将天牛幼虫拎到一块光滑的玻璃平面上,只见它一会儿伸长身子,一会儿收缩身子,任凭怎么努力,总也无法前进。折腾了几轮,这只幼虫似乎有点泄气了,于是慢慢蜷缩着身子,趴在上面,一动也不动。

我似乎明白了什么,于是又将它拎到旁边的荔枝树上。此时,幼虫仿佛听到了什么指令一般,一下子神气了起来,迅速将身子的前半部分抬起、放低,一

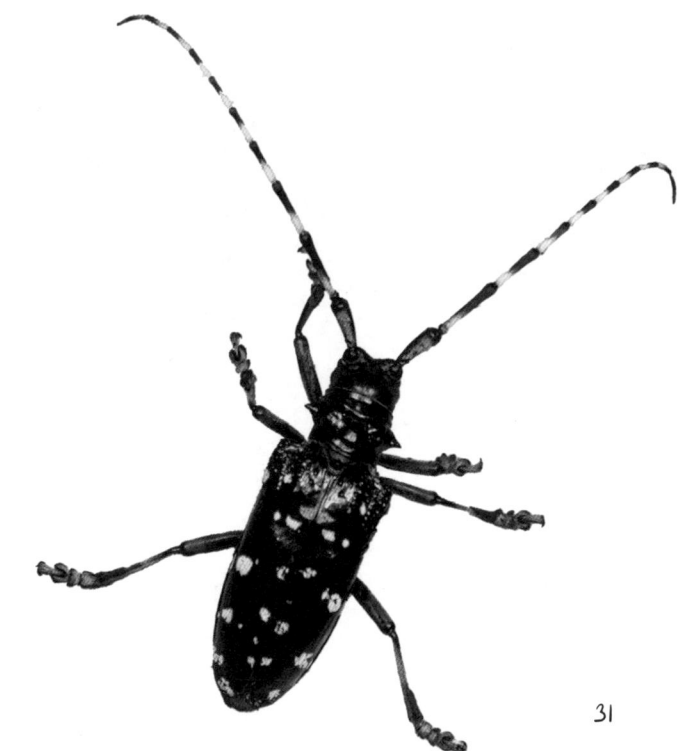

步一步蠕动着,往树的顶端爬了过去……

成虫后的天牛,最引人注目的,毫无疑问是从头部伸出来的触角。这样的触角几乎是它身体的两三倍长。要是当围巾,可以绕着脖子围好几圈呢。

记忆里,每次捉到天牛,我们都会玩上好一阵子。它在我们的掌心里慌乱地摇头,触角像拨浪鼓一样摆来摆去,并且不断发出嘎吱嘎吱的声响,试图逃脱我

们的"魔掌"……显然,那是不太容易的事。

　　每一只天牛其实都有翅膀,飞行的时候十分美艳。要是停在一片叶子上,你会发现它的背部拥有彩虹般的光泽,在阳光的照耀下显得熠熠生辉。

身边的自然课

自然课堂

　　天牛其实是害虫，至少于树木而言。由于它总喜欢发出咔嚓咔嚓的锯木声，也被人称为"锯树郎"。

　　全世界的天牛种类很多，已知25000余种。在雷州半岛，我见过的多是星天牛。它的背部有黑色的光泽，翅膀上散布着星星点点的白色斑点，在无花果树上最容易找到。

　　还有一种麝香天牛，全身深绿色，前胸和背板有橙红色，因为身子里会散发出一种浓烈的麝香般的香气，被人们用在不同的场合，因而颇受欢迎呢！

螳螂：捕食时够凶狠

草地上庄严地立着一只螳螂，宽阔而薄透的绿色翅膀，收缩在狭长的尾部。要不是两只细长的前肢向天空举着，我很可能就被它的隐身术给骗了……

举向半空的前肢，怎么看都像是在祝福。这一副虔诚的模样，多多少少会博得人们的一点点好感吧。

其实没有，一点都没有。灵界村的庄稼人从未这

么认为。毕竟，谁都知道，螳螂压根就不是在祝福。恰恰相反，它是在狩猎，在准备着一场捕食。

  这只螳螂全身都是绿色的。我在灵界村见过的大多数螳螂都是这种颜色。前胸长，两侧都有锯齿，前翅一直盖到了尾部，像是穿着长裙的样子。后翅多是淡褐色，且呈半透明状，上面还有一些横脉。小时候逮到螳螂，我跟伙伴们时常拿在手上摆弄，尤其是半透明状的后翅，是我们最喜欢摆弄的。

螳螂后翅的淡褐色并不明显，许是被前翅盖住的原因。不过，倒是有一种螳螂，全身都是褐色的，叫屏顶螳，在海南岛常见。海南岛与雷州半岛仅一海之隔，都是亚热带气候，我最渴望见到的，就是别样的屏顶螳。

我的出现并没有惊动到螳螂。它依然是那副模样，你可能甚至

觉得它有点优雅吧,毕竟它身着雅致的绿色服装,搭配着翠绿的草色,与周围的环境是极为相搭的。它的头开始左右摆动,其实是可以自由旋转的,仿佛装着一个弹簧。那双复眼突出,并没有什么感情色彩。

曾经也有一段时间,我被螳螂的这般模样欺骗过。它收缩起前面的两把"大刀",只露着尖尖的小嘴。我以为,它只是一种食草的昆虫。可是,我大错特错了。螳螂居然是食草昆虫里的特例,一个不折不扣的肉食性昆虫,而且专食活物,是昆虫界的刽子手。

有多少次,眼看着我就要伸手逮它了,可它并没有飞走,它可是有翅膀的;也不逃跑,它可是有腿的。奇怪的是,它蜷曲着前肢,做出一副战斗的模样,真是"好斗的昆虫"呀!

眼前的螳螂显然也早已做好了"战斗"的准备,并不坐等被俘,而是主动出击了。

此时，一只褐色的蝗虫莫名其妙就落在螳螂的眼前。也许，它一开始只是认为，螳螂扬起来的前肢是草茎，当然也不排除蝗虫误入了螳螂的地盘。要知道，螳螂的前肢有一排锐利的锯齿，两爪一合并，便像齿轮相扣，猎物根本无法动弹。于螳螂而言，只要落在它的前肢里，猎物是十拿九稳到手的。

这只傻乎乎的蝗虫也许并不知道自己将要经历什么，也许早就被螳螂露出来的凶煞样给吓得无法动弹了。于是，平日那么能蹦跳的蝗虫什么动作都没有做。要知道，只要它一蹦，眨眼的工夫，就能蹦出螳螂利爪的范围；又或者展翅高飞，也能逃出一番生天。

可是，没有。蝗虫一点动作都没有。我似乎要动了恻隐之心……但是，就在这一瞬间，我想到了，蝗虫是害虫。我的恻隐之心，是无来由的。于是，我继续等待着……

法布尔说过："据说，小鸟见到蛇张开的大嘴时

会吓瘫,看见蛇的凶狠目光时会动弹不得,任由对方吞食。"这么说,这只蝗虫差不多也是这样的情况吧,我想。

接下来的场景,是螳螂几乎不费吹灰之力,就将"大刀"向蝗虫挥去。它的双锯一合,夹紧,蝗虫连还手之力都没有了,倒是两只后腿蹬了几下。可是,螳螂的尖尖小嘴此时已咬向了它的颈部。这也是螳螂捕食时最常做的动作。

　　我观察到螳螂捕食时,最惯常的方法,就是一只爪子拦腰抓猎物,另一只爪子就此按住猎物的头,有点像掰头一样。此时,许多猎物的颈部就露了出来。谁都知道,这个地方是许多昆虫的软肋,并无护甲。螳螂的利嘴只要轻轻一咬,它们就小命难保了。

　　螳螂开始享受它的战利品了。但凡有肉的地方,它都要撕开。这一幕,有时候,我看得心里一阵一阵

痉挛……

在自然界，再凶狠的动物，似乎都有天敌。于螳螂而言，它同样逃不过天敌的捕食。最熟悉的，当然是"螳螂捕蝉，黄雀在后"的故事，那真是"一物降一物"，物竞天择嘛。这么一想，我的恻隐之心，是不是应该改一改呢？

身边的自然课

自然课堂

　　螳螂从卵孵化到成虫，要脱九回皮，身子也由小变大。

　　年少时住在灵界村，家里穷，蚊帐打满了补丁。晚上时常有蚊子跑进来，咬得我满身都是包。

　　那时候，倒是有一个方法可以治一治蚊子，那就是逮来几只螳螂放在蚊帐里。有一些听话的螳螂倒也尽职，一个晚上能帮我们消灭不少的蚊子；也有一些贪食的螳螂，蚊帐里的蚊子毕竟是少数的，趁我熟睡之际，它则悄悄从蚊帐的洞口爬了出去。

　　成虫的螳螂不好对付，我们还有一种方法，就是将螳螂的若虫放在蚊帐里。找到一个螳螂卵箱，在刚孵化出若虫的时候，就全端了过来。一般情况下，一个卵箱有一百多只若虫。螳螂的若虫同样有捕食性，那些狡猾的蚊子，根本逃不出螳螂若虫的魔掌。

蝗虫：无恶不作，爱糟蹋庄稼

在院子角落的泥盆里，埋进一粒种子，第二天就迫不及待地跑过去看，心想：种子怎么还没有发芽？

这一副心急的模样，或许是每个孩子都遇到过的。那时候，住在灵界村，我总觉得种子发芽得很慢，叶子舒展得很慢，就连花朵绽放得也很慢。生命在悄无声息的状态下呈现出不同的面目，这一切全被时间的

巨幕覆盖了。我多少次试图掀开时间的幕布，但是，一个孩子的耐心是多么的有限，故而观察植物的生长历程，总是以失败而告终。

也正因为如此，我时常觉得日子里的一切都是缓慢的。可是，我的好奇心却是如此的急切，仿佛是一辆下坡的玩具车，总也停不下来。于是，我开始观察一只蝗虫的蜕变。

没错，蝗虫的诞生让一个孩子见识了生命的速度。它的蜕变方式跟蝉的蜕变方式有相似之处，尤其是目睹了成虫从若虫的壳套中钻出来的过程，那场面是震撼人心的，也让一个孩子感知到了生命的强大和完美。

或许大多数生命最初的样子都是丑陋的，蝗虫的若虫也是极为难看的。那些形容"女大十八变"的句子，似乎用在昆虫身上，也是适合的吧。

有一次我蹲在灌木丛的边上，发现一只蝗虫若虫就要蜕变为成虫了。它的前翅有一个小小的三角形，那是鞘翅的鞘。它的前翅缩在胸口,三角形的小羽翼向左右两边张开,将自己固定在树枝上。

这一点是极为像蝉的。它们都在想方设法让身上的外套脱下来,而不是直接撕裂。只要有足够的耐心,甚至屏住呼吸,认真观察,很容易就能发现若虫的前胸甲的背面和隆起纵纹的下面,都在做一张一缩的运动。这样的运动很好理解,那是在外壳的掩盖下做内

部运动,以产生推动力,使外壳能够脱落下来。

蝗虫若虫的身体中央部位因为是薄膜,在血液的涌动下,越发透明。这些血液是它积蓄了很久的力量,是为生命的蜕变而准备的。血液的涌动一下一下地撞击着外壳,背部出现了一条细小的裂缝。这条裂缝沿着前胸的流线体张开,一直往身体的后部延伸,直到翅膀的连接处,再转到头部,一路来到触角的顶部。此时,外壳向左右分开,背部的整个裂口就清晰可见了。

这时候,我需要的仍然是耐心。背部的裂口越拱越大,那里的皮质是软软的,苍白的,略带灰色。随着时间的推移,整个背部终于拱了出来。接着,头部也拱出来了。外壳还留在原地,完好无损。这样子极像蝉壳,小时候即使捉不到活蝉,能够找到一只完好的蝉壳,我也能玩上大半天,直到蝉壳破碎了才作罢。

最有意思的是,此时蝗虫的两只眼睛是极为奇怪的,像玻璃状,却什么也看不见。

观察蝉蜕变的时候,最为激动人心的,就是蝉翼渐次展开的瞬间,可以让人领略到"薄如蝉翼"的美妙。而蝗虫的翅膀刚拉出来的时候,远不如蝉那般美妙。它的翅膀简直就是四片窄小的破布条。

此时的翅膀也是极为柔软的,垂挂在身体的两侧。要知道,翅膀应该是向着后尾的,但是,现在的情形却是倒挂着,覆在蝗虫的头部,感觉就像四片肉乎乎

的小叶片。

往后的蜕变过程，还要将后腿挣脱出来。这似乎并非难事，只要将收缩的部位一伸，后腿就能够拔出来了。这时候的后腿已呈现了淡粉红色，最终会变成浓红色的线条。

接下来，蝗虫仍然要经历一系列复杂的蜕变过程。

在背脊挺起,摇摆身子至空壳落地后,蝗虫便开始到处飞行,成为无恶不作的害虫。

身边的自然课

自然课堂

观察昆虫,还有一个不可忽略的环节,就是寻找虫卵,那是生命的起源。

雌蝗虫产卵,多是在巷道边的荒地上,无遮无掩,阳光充足,泥土谈不上松软,但也不至于太坚硬。雌虫将并不尖锐,反而颇为圆钝的腹部垂直地插入土里。这个过程并不太容易,但为了生命的延续,雌虫还是克服了重重困难。

雌蝗虫产卵的时候,身子会仰着,那是挤卵的动作。往往是挤一下卵,又歇息一下,反复几轮,待排完所有的卵后,它就拍拍屁股,一走了之。

根据科学统计,蝗虫的一个卵含有50~80枚卵子。当这些若虫全部变成成虫,很可能就集结成蝗群,所到之处,很可能引发蝗灾,那是庄稼人的噩梦。

蟹蛛:"守花待蜂"袭击蜜蜂

新小区种了许多岭南地区的野生植物,这是我原来并没有留意到的。待搬进来后,我时常绕着小区一圈又一圈地走,一一拜访这里的"邻居"。

就是这个时候,我遇见了一只蟹蛛。它正在"守花待蜂"。

蟹蛛看起来似乎并不凶神恶煞,但是,它偏偏就干这等事。只见它悄悄绕到了一朵花的背面,屏住呼吸,将自己隐藏了起来。

一阵风吹过来,那朵花摇了几下,蟹蛛也跟着摇了几下。但它并不会被摔个四脚朝天,因为它的前步足足够粗壮,可以将枝条抓得牢牢的。

即使花朵再怎么摇摆,也不会破坏蟹蛛的围捕计划。它看似岿然不动,其实是已布下了"八卦阵"。那些前来采蜜的勤劳的蜜蜂,很快就落入它的陷阱。

这是蟹蛛屡试不爽的捕猎方法。

果然,这般美艳的花朵,很快就吸引来了一只蜜蜂。蜜蜂完全不知道花朵背后正藏着一只蟹蛛,我真想冲上去告诉蜜蜂:"勤劳的蜜蜂,赶紧跑吧,这里有危险。"

然而这么艳丽的花朵,这么丰富的花蜜,完全把蜜蜂迷住了。于是,蜜蜂不停地在花朵中采着蜜,忙得不亦乐乎。很快,蜜蜂的肚子就鼓了起来。

"勤劳的蜜蜂,再不跑,就来不及了。"我在心里焦急地催促着。可是,蜜蜂哪里知道我的一番好意。

此时,蟹蛛瞅准了时机,从花朵的背面冲了出来,仿佛一道闪电,就把蜜蜂摁住了。

蜜蜂这才反应过来,拼命挣扎,赶紧用蜇针到处蜇,可是一切都是徒劳了。蟹蛛已经以迅雷不及掩耳之势,咬住了蜜蜂。蜜蜂一下子就断了气。

蟹蛛这一番"闪电战"几乎是不费吹灰之力,就成功制服了蜜蜂。然后,它又会故技重施,爬到另一朵鲜花的背面,等待下一只猎物的出现……

蟹蛛不仅形状上像螃蟹，特性也像螃蟹，一样的横行或倒退。说白了，它们都是横行霸道的家伙。作为蟹蛛科的动物，它并不结网，却到处行凶作恶。但毕竟是自然万物，一物降一物，面对一只勤劳的蜜蜂和一只饥饿的蟹蛛，我纵然声讨后者，但也不能出手帮助蜜蜂。有时候，我也会陷入两难。

　　纵然站在道德的高度抨击蟹蛛，我也不得不承认，蟹蛛的外貌一点也不输于蜜蜂。蜜蜂在花朵里沾了全身的花粉，五彩斑斓；蟹蛛同样有这般的色彩，它太会装饰自己了。它的背部横纹被红、橙、黑等色彩都涂了一通，却看不出杂乱。要是再细心观察，还可以看到它的胸部镶着一条淡绿色的细带子，这一条带子让整个身子都灵动起来，简直就像一个女孩子在乌黑的头发上扎了一条彩带。蟹蛛的这般打扮，绝对算得上精致，它的色彩搭配简明，又有层次感，往往令人眼前一亮。

前面说过,蟹蛛不结网,好像是不劳而获的懒惰者,其实不然。

蟹蛛的肚子同样装满了丝,这些丝是它的建筑材料。它会寻找一棵树,在树叶的背面搭一座巢。巢的一边露在外面,另一边则与树叶连在一起。待巢搭好了,蟹蛛便会将卵产在巢里,再用丝线将巢的洞口盖得严严实实。

有些昆虫在产完卵之后,就会扬长而去,像蝗虫。但是,蟹蛛却有十足的母爱。它会用枝叶连同丝线在

巢边织一个凹室，然后躲在里面，守着它的卵。

　　蟹蛛一刻也不敢离开，它比谁都紧张自己的儿女。记得小时候，我特别调皮，时常拿一根棍子去逗引蟹蛛。但它并没有上我的当，只是挥舞着步足，试图驱赶我。

　　撩拨几次之后，纵然蟹蛛偶尔也会离开巢几步，但很快又退了回去。我自知无趣，便头也不回地离开了……

自然课堂

蟹蛛并不难找,它生活在低海拔地区。

留意观察几轮,很快就会发现,蟹蛛是"虫小胆大"的家伙,拥有"以小搏大"的无畏精神,因为它时常去攻击比自己身体庞大的昆虫。蜜蜂自不必说了,就连蝴蝶、豆娘都成了它的"嘴下败将"。

蟹蛛的捕食地点,多在花草丛或稻田里。如果客观评价,蟹蛛也会帮庄稼人捕食害虫。

蚂蚁：搬家时是"全巢总动员"

在一座小院落里，我刚平整了一块地。泥土的香气弥漫开来，我试着将整个人的嗅觉都打开来，不断地嗅呀嗅。这样的感觉，是我亲近泥土的一种方式。

放下锄，刚准备回家。脚下已有一队蚂蚁马不停蹄地赶了过来。原来，蚂蚁的嗅觉似乎比我的嗅觉还要灵呢。刚才翻起来的泥土里，正好有几条蚯蚓在四

处逃窜。先行赶到的蚂蚁已用长颚咬住了一条蚯蚓。于是，这条蚯蚓不断地翻滚，可蚂蚁就是不松口，跟着蚯蚓连滚带爬到了我的脚下。

再一看，从院落的另一角，一队黑压压的蚂蚁正朝着蚯蚓奔涌而来。显然，先头部队已向蚁群发出了某种信号。于是，后援部队匆忙赶来。看来，这条蚯蚓是逃不出蚂蚁的包围圈了。

蚂蚁也有眼睛，但是，似乎蚂蚁认路靠的是嗅觉，而非视觉。种种实验证明，蚂蚁的嗅觉很灵敏，凭借

嗅觉可以寻找食物。当然，它们辨认方向最为厉害。

也许就是蚯蚓散发在空气中的气味让蚂蚁嗅到了，那些饿极了的蚂蚁就循着气味，来到了蚯蚓的面前。此时，我正想着要救一下这条蚯蚓，于是挥了一下锄头，在蚂蚁的先头部队和后援部队之间挖出一条深沟……

先头部队仍在与蚯蚓做殊死搏斗，后援部队眼看着就赶到了，突然有一条深沟横亘在眼前，于是它们赶紧停了下来。显然，后援部队里的每个成员都在犹豫。有的似乎是胆怯了，往后退；有的则在深沟前徘徊着，不知所措；也有的还不知道前面发生了什么，爬过同伴的身体，勇往直前，直到发现了深沟，才停了下来；也有糊涂的，一头栽了下去，掉在深沟里，摔得四脚朝天。

深沟前的蚂蚁越聚越多，很快就聚成了一个蚁团，黑乎乎的。蚂蚁们你挤着我，我挤着你，乱哄哄一片，茫然得不知所措。

过了几分钟，蚁团里有几只勇者开始尝试着绕过深沟。它们用触角左探探，右探探，然后一步一步往前走。显然，此时它们谨慎多了。就这样，它们很快就绕过了这段只有十几厘米长的深沟。后面的蚂蚁似乎又收到了信号，于是也跟了上来，没多久就与先头部队会合了。

此时的先头部队与蚯蚓的战事正激烈进行着。先头部队里也就只有三只蚂蚁，它们都气喘吁吁的，似乎是累坏了。蚯蚓的一端已被蚂蚁咬得血迹斑斑，伤

痕累累。后援部队一到，先头部队就退出战场，到旁边歇息去了。后援部队一哄而上，有的咬头，有的咬尾，有的咬腰，有的干脆骑在蚯蚓的身上……

蚯蚓刚才还动弹几下，此时似乎已是奄奄一息了。后援部队很快就"驮"起了蚯蚓，沿原路返回，往巢的方向浩浩荡荡地奔去。

年少时，时常会遇见蚂蚁搬运食物，即使比它们庞大几倍，甚至几十倍的食物，它们依然可以依靠"蚁多力量大"，最终将食物驮回巢里。

那时候也会偶尔搞搞恶作剧，在蚂蚁的行进道路上设置种种障碍：或者拿扫帚将蚂蚁的行进路线扫得干干净净，可是，很快蚂蚁又会将路线连起来；又或者立地撒尿，搅乱蚂蚁的方向，可是尿很快就被泥土吸收了，蚂蚁又能沿着既定的方向前进了……

有个疑问，一直困扰着年少时的我：蚂蚁是如何找到自己的行进方向的？后来，我在陶秉珍的《昆虫

身边的 自 然 课

漫话》里找到了答案:

它们(蚂蚁)行进的方向,是由太阳的位置指导的,而且好像月光、星光,也可以帮助它们指定方向。

蚂蚁是我在灵界村"玩"得最多的昆虫。尤其是

到了夏天，一队又一队的蚂蚁会沿着墙角往前爬。它们像勤劳的蜜蜂一样，没有一刻是闲着的，不是兴高采烈地往巢里运食物，就是慌慌张张地搬家。

蚂蚁搬家多是因为它们的巢被破坏了，或预感到灾难即将来临。搬家的时候，我可以清晰地看到，它们的嘴里衔着卵、蛹，以及幼虫。那是它们的"家人"，食物可以舍弃，"家人"可是至亲呀！

其实，在搬家前，蚁团里的工蚁早已兵分几路，到附近寻觅居所。待确认新居所是安全的，是合适的后，工蚁又马不停蹄原路返回，然后火急火燎地开始搬家。

一次搬家短则耗时两三个小时，长则需要一整天，甚至要披星戴月地进行。此时，我观察到的蚂蚁，似乎没有哪一只在偷懒。大家忙上忙下，齐心协力，真是"全巢总动员"呀。

自然课堂

在昆虫界，蚂蚁是最有社会组织的一种昆虫，和人类颇为相似，都是生活在一定的"国家"里。

于是，一个有趣的现象就是："国"与"国"之间总免不了纷争。遇到有外敌侵犯时，蚂蚁就会用触角吹响战斗的号角，尤其是那些工蚁会第一时间冲锋陷阵，保家卫国。

还有一个特点，就是蚁类里，也有一种蜜蚁，它们是专门采蜜贮蜜的群体。蜜蚁群里的工蚁也分两种：一种是劳动者，负责采蜜的；一种是拥有大肚子的，负责贮蜜的。

采蜜的工蚁回来后，就会将蜜交给贮蜜的工蚁。它们的肚子里贮藏了越来越多的蜜之后，就会变成一个圆球，挂在房间里，好玩极了。

蚊子：斗智斗勇挺有趣

一只又一只蚊子在头顶嗡嗡叫的时候，我只好抱头逃窜。蚊子还不作罢，从牛棚里一路追着我咬。我一边跑，一边把手举在头顶挥舞，仍然赶不走蚊子……

此时，黄昏刚至，夜色一层又一层地从西边铺设过来，一下子就将整个村庄淹没。往往这个时候，灵界村的蚊子似乎都集体出动了，兴风作浪，无恶不作。

身边的自然课

蚊子虽小,但是它的声音其实是非常响亮的,尤其是黄昏时群蚊乱飞,简直就是闷雷乍响。陶秉珍在《昆虫漫话》里对蚊子的声音,有一段细致的描述:

(蚊子)胸部有比腹部特别大的气门,口子上更有结缔质的活瓣随着呼吸,不停地一进一出。当蚊子拍翅飞翔时,胸部就跟着翅膀的振动,激烈地胀缩,作急促的呼吸。而气门口的活瓣,也迅速地出入,发生振动,于是,哼哼调就起来了。

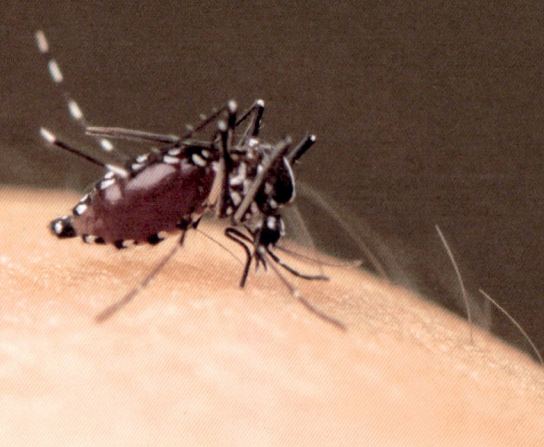

蚊子的可怕，我在整个少年时期倒是见识到了。那时候，住在茅屋里，村子里尚未通电。我们的日子是在煤油灯的"光"照下一天一天地挨着过。

夏日的夜晚，又闷又热，蚊子奇多无比。我国的蚊子多为常蚊类，有赤斑蚊、白条斑蚊、白眉斑蚊和四条斑蚊。

那时候，只知道遇见的就是蚊子，哪里分得了类呢？后来才知道，广东、福建沿海一带，多是四条斑蚊。于是，我专门逮住几只蚊子，一一对比，发现它们的身体多是黑褐色，身子有一条银白色鳞片似的横带，在胸背部前方有四条黄白色的纵纹，这是四条斑蚊的一个重要特征。它还会传播发疹热病。

"蚊子都这么咬你了，就不会打一下吗？"母亲偶尔会责骂我。还真是这样，顽皮的孩子皮似乎也厚了点，蚊子咬得起了包，有时候居然毫无知觉。

对于许多昆虫，我跟同伴时不时就会逮几只来玩

玩，就当是玩具。灵界村的孩子哪里有什么玩具呢？

可是，蚊子却不是。说白了，我们是蚊子的玩具——蚊子咬我们，我们却拿它们没办法。又尖又长的口器，是蚊子的武器，一叮一咬，就起了包，惨不忍睹。

在与蚊子斗智斗勇的过程中，虽然大多数的时候，都是蚊子成为胜利者，但是，偶尔也有蚊子成为我的手下败将的时候。记得同伴教过我一招，专门用来捉弄蚊子，倒也有点乐趣。

　　眼看着蚊子在身边飞来飞去,那是它在寻找最佳的作案位置。我将手掌打开,把手臂伸了出去,一动也不动地搁在桌面上。蚊子看到眼前这么好的机会,自然不会错过。于是,降落在我的手臂上,用吻端的感觉叶试探着我的手臂,看看哪一块容易下嘴。终究是寻到了,它将吻内藏着的吸收管,用尽全力在我的手臂上一扎,像医生扎针一样。

然而蚊子并不知道我的诡计，它将吸收管扎进了我的手臂里，继续往深处推进，直到扎进了毛细血管。

眼看着蚊子贪婪地吮吸着我的血，肚子越来越胀了，隔着越发透明的肚皮，我清晰地看见我的血源源不断地输入它的肚子里。

此时，我将刚才打开的手掌慢慢收拢，握成拳头，让手臂的力量全部集中起来，将手臂的肌肉收紧。刚刚还在忘乎所以地吸血的蚊子准备将吸收管拔出来时，却怎么也拔不出来了。它的吸收管被我的肌肉紧紧地夹住了。

我忍住不笑，因为一笑，手臂肌肉一松，蚊子就跑了。蚊子似乎知道自己上了当，于是越发挣扎。可是，我也不会就此作罢，继续将拳头握着，把全身的力量都往手臂上挤，让手臂的肌肉保持

紧绷的状态。蚊子怎么挣扎，都挣不脱。

待我觉得玩够了，便将另一只手扬起来，狠狠地拍下去，蚊子瞬间一命呜呼。而我的这只手掌里，满是血迹，红彤彤的。

"你知道刚才的那只蚊子是雄蚊还是雌蚊吗？"同伴凑过来，神秘一问。

"有何区别?"我不明就里。

"雌蚊!雄蚊是不吸血的。"同伴得意地说。

雄蚊不吸血,只是,雄蚊的寿命只不过几天罢了。而雌蚊从卵到成虫,尤其是到了夏天,它的生命甚至可以长达一个来月。更有甚者,有些受胎的雌蚊,躲在暖和的地方,固定着越冬。这也是为什么有时候,我们在冬天还会见到蚊子的缘故吧。

自然课堂

有这样一种蚊子，雌、雄都不咬人。它的名字叫摇蚊，是素食蚊子，主要以植物的汁液为食。

摇蚊是一种水生昆虫，在淡水水域能够起生态平衡的作用。它的体形大体跟蚊虫（蚊科）相似，纤长脆弱。只是，它的体色多为白色、黄色、黑色不等，有鲜明的色斑。

在温暖的季节，雌摇蚊产的卵不需要受精，在母体的孵化囊里直接发育成小摇蚊。

蜜蜂:蜂房由工蜂造出来

蜜蜂在花丛中采蜜的样子,仿佛一个在土地里刨土的孩子,专心致志,目光全聚在花朵上,以致被一只蟹蛛偷袭了,才反应过来……

此时,一切都迟了。

外出采蜜的蜜蜂,多是工蜂。巢里的女王并没有发号施令,这些工蜂却没日没夜地采蜜。它们从早忙到晚，在花丛间采呀采。

蜜蜂社会和蚂蚁社会一样，也是一个母性中心的氏族社会，它们中的每个成员都各司其职，默默奉献，为它们的家族付出，毫无怨言。

但是，在蜜蜂社会里，还有一群懒汉，那就是雄蜂。一到夏天，雄蜂也会飞到巢外，但并不采蜜，颇有一种"游手好闲"的样子。而密密麻麻的蜂团里，总有一只最大的蜂，它就是蜂王，是这个巢的最高领导者。事实上，这只蜂王似乎谁也不领导，它只是一架产卵机器，巢里的蜂，全是蜂王的子女。

这么一个庞大的组织，全靠一群勤勤勉勉的工蜂里里外外打理着。可能有人会误认为工蜂也是雄性的，其实不是。这些工蜂，是生殖器官发育不完全的雌蜂，于是只负责干活了。

工蜂似乎没有一刻是闲着的，有的外出采蜜，有的到河边运水，有的留在巢内将同伴带回来的花粉扫落到巢里，还有的站岗守护着巢，要是有什么外敌入侵，必将殊死"保家卫巢"。

年少时在灵界村，时不时会遇见蜂巢。我们在山坡上摘山稔，又或者拾柴时，就会遇见那些搭在隐秘的灌木丛里的蜂巢，但必定会避而远之。

也有的蜂巢筑在地下，那里是一个洞。这时候，父亲就会拿来一个蜂箱，诱惑蜂王出来，带着蜂团往蜂箱里住。这个过程非常不容易，要是成功了，父亲就会将蜂箱放在自行车的后架上，小心翼翼地运回家，

然后挂在茅屋的屋檐下……而地洞里的巢，则被我们迅速挖掘开来，这时你会发现洞里的巢房简直就是一件完美的艺术品。

随着挖掘工作渐次深入，我们越发发现巢房里藏着一间又一间小房间，每间小房间都排列得井井有条，而且每间小房间都是六边形的。

此时，仍有几只工蜂留在巢内，它们嗡嗡地叫着，仿佛在抗议我们破坏了它们的巢。小房间里的蜂蜜金

黄金黄的,正往外淌。我已经闻到了蜂蜜的香味。

"千万不要在蜜蜂的面前偷食蜂蜜,那样它会蜇你的嘴巴。"不知道是父亲吓唬我,还是真有其事。只见父亲将手往洞里一伸,一下子就将整个巢房捧了起来,然后放在一只木桶里,再小心翼翼地将蜂蜜一点一滴地装到瓶子里,这就是我们一家人最好的营养品。

把巢房里的蜂蜜清理干净后,我们仍然舍不得丢掉巢房,而是晒干,放在堂屋,当成艺术品。

"蜜蜂的巢,是用什么材料搭建的呢?"突然有一天,我来了兴趣。

"你先认真观察。"父亲并不急着说出答案。

"从花丛中采来的材料吧？"我有点想当然了。

"巢房的蜡性物质，其实是蜜蜂从自身的蜡腺中分泌出来的。"父亲循循善诱。

依着少年时的记忆，我翻看科普书，才渐渐知道，蜂房是由工蜂造出来的。它们的腰部都有蜡腺，能分泌出蜡。这种蜡经过嘴巴的咀嚼后变得又软又韧，用它就可以建造蜂房了。

我仍然记得，父亲带回来的蜂箱被挂在了屋檐下。刚开始，这些蜜蜂还安心地在蜂箱里待着，偶见工蜂外出采蜜。我甚至还幻想着，过不了多久，蜂箱里又会有蜂蜜喝了。

可是，突然有一天，我们发现蜂箱空了，密密麻麻的蜜蜂不知所踪。

"那是蜂王带着它们跑了。"父亲似乎也有点失望，幽幽地说。

父亲好像还有点不甘心，没过多久，便又上山寻找蜂巢。未果，便叫上我去仔细观察蜜蜂。

"看清楚了，这就是蜜蜂的蜇针。"父亲指着那从尾尖伸出来的针说道。

正是这一枚蜇针，成为蜜蜂抵御外敌的武器，也是它们的"护身符"。

事实上，蜜蜂的这一枚蜇针，一般情况并不会使用。只是，要是被它蜇了，皮肤会立刻红肿、疼痛难忍。而蜜蜂放出这一枚蜇针，却是要付出生命代价的。

自然课堂

在灵界村，孩子结婚后，就要跟父母分家。分家时，将家里的瓶瓶罐罐、桌椅锄犁等全摆在院子里，然后逐一分到各家。这是我年少时见过的最有趣的乡村文化。

在蜜蜂社会，同样有类似于分家的现象，那叫分蜂。也就是说，当一个巢里装不了那么多蜜蜂，而巢又不能再扩充时，就要分蜂。

分蜂时，旧蜂王会带走至少一半的工蜂，另起炉灶。而新的炉灶，此前早有工蜂提前外出选好了地方。旧蜂王带着成千上万的工蜂飞呀飞，场景颇为壮观。

蝴蝶：装点了整个春天

  灵界村的春天，仿佛是紫小灰蝶带来的。它们翩跹在一望无际的野菜丛中，又或者出没在杂生着无数野花的杂草地上……

  紫小灰蝶两翅张开时，也只有半截手指长，小巧玲珑的样子，甚是可爱。它的翅膀表面外缘和前缘具宽大黑边，中央为具金属光泽的蓝紫色区。这名字的由来，是不是跟这紫色有关呢？这些给昆虫命名的人，

身边的自然课

总让人捉摸不透。

　　眼前的紫小灰蝶在花朵上停驻着，但双翅却不时扇动着，像个调皮的孩子，没一刻是消停的。

　　正是这一张一合的双翅惹得我去追逐。于是，我尾随着紫小灰蝶，待脚步接近它的时候，它又不紧不慢地舒展双翅，飞到了不远处的花丛里。这般情景，与宋代杨万里笔下的《宿新市徐公店》一诗里描述的场景是何等的相似：

　　篱落疏疏一径深，树头新绿未成阴。
　　儿童急走追黄蝶，飞入菜花无处寻。

　　春天捕蝶，夏天捕蝉。即使飞入花丛里，也难不倒灵界村的孩子，我挥着小网笼，很快就将紫小灰蝶捕到手了。

　　伸手入网笼逮住紫小灰蝶时，它翅膀上的鳞片沾

身边的自然课

在了我的手上,闪闪发光。这时候,几个小伙伴往往就开始了一节科普观察课:它翅膀的底面居然是灰褐色,且布有细纹。之前我们就发现紫小灰蝶的双翅合并时,跟一片枯叶几乎无区别。这般拟态,是为了活命,以瞒过天敌的眼睛。

蝶类的拟态,是极为常见的。像木叶蝶,它的翅膀正面其实非常漂亮,呈现出一片紫蓝色。但翅膀的底面却是暗褐色,雷同于褐色的树干,更神似于枯叶。

于是，当木叶蝶竖着翅膀停在树枝上的时候，就连许多昆虫观察家也时不时会被它骗……

见过那么多漂亮的蝴蝶在村庄里翻飞，小时候根本不知道它们是由我家菜园子里的一条条小青虫变成的。这个疑问，还是父亲为我揭开的。

那天，我们正在菜园子里拔草。此时，有一条小青虫正津津有味地啃食着菜叶。那棵大白菜的菜叶被啃得千疮百孔。我一伸手，就将那条壮硕的小青虫"捉拿归案"。

"这条小青虫好肥呀，待会儿叫公鸡过来收拾它。"我愤愤地说。

"且慢。"父亲笑笑。

"难道留着它让它继续糟蹋大白菜吗？"我颇为不解。

"正是！"父亲的话，一下子让我捉摸不透。

看出我的疑问后，他耐心地说："你可以让这条小青虫继续活着,把它放置在一个地方,继续给它喂食小白菜,过不了多久,它就会'作茧自缚',粘在菜叶的背面。"

"接下来会发生什么?"我依然猜不透父亲的葫芦里卖的是什么药。

"你现在看到的蝴蝶,就是这种小青虫变的。"父亲不动声色地说。

这下轮到我惊讶了。因为我做梦也想不到,那么漂亮的蝴蝶竟是眼前的这些可恶的小青虫变成的。

蝴蝶是一种完全变态的昆虫,一生经历了卵、幼虫、蛹和成虫四个发育阶段。目前,全世界已记载的蝶类大概有 20000 种。这么多的蝴蝶,它们之间是如何区别的,你肯定会觉得这简直是一个谜。

其实也并不算什么谜。自然万物,自有它的生存法则。像那些视觉厉害的蝴蝶,可以通过翅膀折射的光谱来识别对象;还有一些雄性蝴蝶会通过释放特殊

的化学物质来吸引雌性蝴蝶。

在配对方面,雄性蝴蝶更喜欢那些漂亮的强壮的雌性蝴蝶。它们为了寻找心仪的对象,不惜到处飞行,四处搜寻,直到遇见满意的雌性蝴蝶为止。

待它们交配完毕后,雌性蝴蝶多选择在叶片背面或底部产卵,为幼虫准备好食物。有些雌性蝴蝶会把

卵产在寄主植物附近的其他植物上，让幼虫自己寻找食物。

　　这么说，蝴蝶既要装点春天，还要忙着繁殖。每每在春天走到尽头时，原来的繁花似锦也渐次显得衰落。是的，那些鲜花也开得筋疲力尽了，若遇上加大了马力的春风吹拂，花瓣便会散落一地。

　　此时，蝴蝶的翅膀似乎也跟那些花瓣一样破碎不堪，沉重而无力。随着花瓣的飘落，我发现花丛下躺着一只蝴蝶。它的翅膀虽然在努力地拍打着地面，却

身边的自然课

怎么也飞不起来了。它慢慢抖动着翅膀，然后向一个僻静的地方挪动着身子。

花丛下，看似平静，实则暗藏"战争"。一只蚂蚁率先赶到，爬到蝴蝶的翅膀上，使上吃奶的力气，试图将走到生命尽头的蝴蝶拖回巢内……

说蚂蚁是不自量力，也对；但结果是，蚂蚁回巢

搬来援军，浩浩荡荡。就这样，一只蚂蚁咬翅膀，一只蚂蚁爬到蝴蝶身上……大家齐心协力，很快就拖着蝴蝶一步一步往巢里挪去。

这只暮春里的蝴蝶，在生命的暮年，成为蚂蚁的美食。想到如此漂亮的蝴蝶也落了这般下场，我不禁怅然若失……

自然课堂

　　蝴蝶似乎总与神话相关，甚至有些地方还将蝴蝶视为迷信的产物。

　　记忆里，年少时住在灵界村，要是蝴蝶飞到屋子里，母亲必是一脸的厌恶，并且命我迅速将其驱赶出去。因为我们那里的人们认为，蝴蝶入屋，为凶兆，是极为不吉利的。因此，这些天，全家人都要格外注意，以免遭遇不测。

　　有点可笑的是，这般迷信的说法，亦在英国各地流传。其实，这些都是极为无知的，切不可信也。

蜻蜓：看似娇小，性情却凶猛

夏虫鸣唱的时候，我跟小伙伴们时常钻进草丛里扒拉，寻觅肥硕的青虫来喂养笼中鸟。往往还没捉到青虫，我们就被一只蜻蜓"牵"着鼻子跑了……

在灵界村，好玩的好看的有趣的昆虫，实在太多了。数了好几轮，可能才轮到蜻蜓。因为蜻蜓没有蝴蝶一般漂亮的翅膀，也没有螳螂一般好斗的大刀，更不会像磕头虫那样，拼命地给我们磕头，惹得我们哈哈大笑……但是，蜻蜓也不是没有吸引我们的地方。它长长的尾巴，像长长的飞机身躯。我时常躲在它的身后，悄悄潜伏过去，以迅雷不及掩耳之势捏住它的尾巴。

此时，蜻蜓就会调过头来，试图咬我的手指。我已有此前的教训，于是另一只手顺势捏住它的头部，将提前备好的细线，绑在它的胸部，再将之放飞，像放风筝般，让它在半空中飞呀飞。

几乎在乡野里长大的孩子，都捕捉过蜻蜓。汪曾祺在《夏天的昆虫》里，形象地写到了这样的细节：

一种极大，头胸浓绿色，腹部有黑色的环纹，尾部两侧有革质的小圆片，叫做"绿豆钢"。这家伙厉害得很，飞时巨大的翅膀磨得嚓嚓地响。或捉之置室内，它会对着窗玻璃猛撞。

一种常见的蜻蜓,有灰蓝色和绿色的。蜻蜓的眼睛很尖,但到黄昏后眼力就有点不济。它们栖息着不动,从后面轻轻伸手,一捏就能捏住。

蜻蜓除了喜欢停栖在池塘边，有时候也会飞到稻田里。灵界村的稻田多，一到夏天，人们在田里不是忙着收割就是忙着播种。那时候，正是芒种的前后。

在稻田里停停飞飞的蜻蜓，其实是在寻找害虫。蜻蜓看似娇小柔弱，其实性情凶猛。它时常在田间或菜园捕捉蚊、蝇、蛾等，是名副其实的益虫。

那时候，我喜欢站在田埂上看蜻蜓。它抖动着透明的翅膀，在阳光的照耀下，像一架架轻盈的小飞机，或快或慢，或上或下，自由翻飞，是稻田里一幅灵动的画面。

蜻蜓也是"天气预报员"，有时候比青蛙"预报"得还准呢。天气闷热的时候，要是遇上蜻蜓款款低飞，我们大概就会判断，很可能一场夏雨就要来了。

年少时，我们曾经以为，会飞的动物都是有羽毛的。突然有一天，我发现会飞的蜻蜓是没有羽毛的。这一发现，在灵界村的孩童中，无异于哥伦布发现了新大陆。

"会飞的动物是不是都有羽毛?"我明知故问。

"那当然!"同伴拿眼睛瞟了我一下,他根本不知道我的葫芦里卖的是什么药。

"如果没有羽毛,它们是不是就不会飞?"我坏笑着。

同伴认为我在捉弄他,便不想再理我。

这时,我赶紧从背后拿出一只事先藏好的蜻蜓,举在他的眼前:"蜻蜓就没有羽毛,但它也会飞。"

同伴一下子被噎住了,不知道该说什么。

确实,没有羽毛的蜻蜓却有薄薄的透明的翅膀,它的飞行速度能达到 50 千米/时以上。有时候,我在追逐一只蜻蜓的时候,一开始,总感觉它似乎就在眼前飞飞停停,眼看着就要追上它了,又发现它突然加速,转眼间就滑到很远的地方去,直到消失在我的视野里。

比这个更有趣的场景是,我们时常看见蜻蜓结伴同行,又或者一边交尾一边飞行。结伴同行的蜻蜓要

么是在寻找产卵的地方，要么是正在产卵。它们的卵是产在水里的，然后由卵孵化成若虫。这时候的若虫叫水虿。它们用直肠鳃呼吸，可以直接捕食孑孓，又或者是其他小型水生动物。要是饿极了，水虿还会互相残杀。

也就是说，水虿也是肉食性动物。它的口器结构极为特殊，下唇非常发达，特化为可自由伸屈的面罩，

在遇见猎物时,就快速伸出折叠的下唇面罩将猎物夹住,再拉到嘴边吃掉。

水虿要在水里生活一年左右的时间,且经过多轮脱皮,变成有翅的样子,才算是亚成虫。亚成虫成熟后,就会沿着岸边的水草或石块爬上来,再脱一回皮,最后变成成虫。

这么说,池塘更像是蜻蜓的产床,难怪它这么眷恋池塘。那时候,宋代杨万里是不是在池塘边发现了这个"秘密",故而写出了脍炙人口的《小池》:

泉眼无声惜细流,树阴照水爱晴柔。
小荷才露尖尖角,早有蜻蜓立上头。

身边的自然课

自然课堂

年少时在灵界村,几乎全村的孩子都将豆娘当成了蜻蜓。因为它们都是色彩斑斓的昆虫,都有两对轻盈的翅膀,都像直升机一样悬停……

事实上,这是两种不同的昆虫。区别蜻蜓和豆娘,倒也不算太难,大可从眼睛、翅膀、停栖方式等辨认。

眼睛的距离:蜻蜓的复眼大多数是彼此相连的,一小部分为小距离的分开;豆娘的两眼分开的距离较大,其形态跟哑铃一样,又圆又大。

翅膀的形状:蜻蜓的前后翅膀形状不一;豆娘的前后翅膀形状相近。

腹部的形状:蜻蜓的腹部形状多为扁平状且粗;豆娘的腹部形状相对细瘦,呈圆棍棒状。

停栖的方式:蜻蜓停栖时,经常将翅膀铺开,放在身体的两侧;豆娘停栖时,一般会将翅膀合起来,挺立在背上。

金龟甲:轻而易举"战胜"我

金龟甲落到我手上后,那可是要玩上一天的。灵界村的孩子都喜欢玩金龟甲,拿一根长线拴住它的脚,拴得紧紧的,它就是长了翅膀也飞不走了。

灵界村的孩子在玩昆虫方面几乎都有一手。那时候,我无师自通地抡圆了胳膊甩着金龟甲玩。金龟甲开始还以为我放飞它了,瞎高兴了一阵,拼命拍着翅膀,欲展翅高飞。可是，我的另一只手一收线，它又乖乖落在我的脚下，一副垂头丧气的样子，惹得我们哈哈大笑。

金龟甲并不难认，两只触角呈鳃叶状，似乎向两边张开来的样子。前足为开掘足，掘地全靠它。秋冬季节，气温下降，它就会向深土层转移。翅鞘不完全覆盖腹部，末节背板常外露，感觉就像穿了一件超短上衣。这只金龟甲的体色是赤褐色，偏红，是松树鳃角金龟甲。

记忆里，金龟甲几乎跟蝉同时出现在灵界村的树上。金龟甲先是爬上树，

它不像蝉那般张扬,只是悄无声息地趴在树上。我悄悄伸手去捉,它似乎早就"看见"了我,一下子就飞走了。

那是因为金龟甲有一个类似于头饰的短须,相当于一个高灵敏度的器官,能够感知声波。人们一旦靠近,金龟甲很可能已经提前知道敌情。

金龟甲在这棵松树的周围飞来飞去,并没有飞远的意思。那棵松树就是它的栖息地,它要在这里寻找伴侣。

到了晚上，谁也不知道在这棵松树上到底发生了什么故事。要是一大早来到松树下，总能看见金龟甲趴在树上，一动也不动。那个高灵敏度的器官似乎也罢工了，就是伸手去捉它，也不会再逃走了。

金龟甲的种类非常多，因个体不同而有不同的颜色。在灵界村还时常会见到一种金龟甲，体色为深黑褐色，体背白点较明显，名字叫东方白点花金龟甲。

东方白点花金龟甲的体背满布肉眼可见的微细凹点，我们捉到一只玩弄半天后，还舍不得放掉。于是，干脆带回了家，放在一个罐子里。

穿着深黑褐色马褂的东方白点花金龟甲很快就心安理得地在罐子里"住"了下来，仿佛这里就是它的旧居。我拿一根树枝轻轻地挑逗它，它居然表现得不理不睬。我还是不作罢，又用树枝将它掀起来。它顺势翻了个身，居然装死，半天也不动弹，真叫人觉得无趣。

一个孩子的耐心总是有限的。我看见院子里来了一只蝴蝶，便转头又去追蝴蝶了，将金龟甲完全抛之脑后了。

待想起来罐子里还有一只金龟甲时，我赶紧奔了回去。可是，罐子里早已"虫走罐空"。原来，金龟甲的"鬼点子"还是蛮多的，我完全是上了它的当。

这么多年过去了，我依然记得那只深黑褐色的金龟甲。它用了一种最精明的方法，轻而易举就"战胜"了我。这是我与昆虫交手以来，输得最没面子的一"战"。

身边的自然课

自然课堂

　　金龟甲属于鞘翅目昆虫，它的鞘翅并不是用来飞行的，而是它的"护身符"。它的翅膀其实是藏在鞘翅下面的。飞行时，它会先打开鞘翅，再展开里面的膜质翼翅，然后起飞，甚至滑翔……

　　小时候，我们会将金龟甲列为杂食性害虫。原因很简单：金龟甲喜欢停在果树上，像葡萄、龙眼、荔枝等，都可能成为它的食物，就连花生、番薯都不放过。

　　不过，我们现在提倡生物多样性，因为它们存在于地球，在保持生态的平衡方面自有它的一份功劳。

灶马：守着灶台有吃有喝

想要在城里见到一只灶马，那可是很难的。那只时常出现在灵界村灶台的灶马，在我的城市，根本就没有灶台可藏。

也是，城里的厨房已经没有了土灶。这里的灶台，是大理石，是瓷砖，是不锈钢；又或者是电磁炉，是燃气灶；而且主人每天将灶台擦得干干净净，甚至一

尘不染。哪里还有灶马的藏身之处呢？

这么一想，我多多少少有点怀念灵界村的灶台，怀念简陋的三角灶的灶台旁，时不时会蹦出一只灶马……虽然常常会被它吓一跳，但一看见是灶马，兴奋显然多于恐惧。

灵界村的灶台旁边摆满了瓶瓶罐罐，以及土锅铁盆。杂乱是杂乱了点，但是，灶马喜欢。那时候的灶马，就藏在这些瓶瓶罐罐的周围，甚至躲在厨房的柴堆里唱歌。

要是被发现了，灶马也飞不了。对，灶马是无翅的直翅目驼螽总科昆虫，一年四季都可以见到，时常出没于灶台。那些剩菜剩饭，就是它的伙食。吃饱了，灶马就藏在柴堆里用腿部摩擦着唱歌，即使人突然进来厨房，如果它正唱得起劲，也不会停歇。

提着煤油灯，循着歌声，我很容易就发现了一只黑褐色的灶马。它伏在一根木柴上，身子并不动，只

是两条细长的触须摆来摆去，好像在打着音乐节拍的样子。其实，那是它在感知外面的世界。

灶马的两条大腿时常高高抬起，弓着背，有点驼背的感觉，故称"驼螽"。

灶马虽然有两条长腿，但不算活跃，更不会像它的远房亲戚蝗虫那般又是蹦又是跳又是飞，更不会去祸害农作物。在秋冬季节，灶马经常安静地守在灶台旁，像沉默寡言的父老乡亲一般。

到了夏季，灶马似乎也会活跃于田野草石，或者土隙间。在野外，灶马以植物的茎、果、叶为食，偶尔也会捕食一些小型动物，属于杂食性昆虫。

灶马在交配前，雌虫会选择那些体型壮硕的雄虫交配，然后双方用触角互相触碰，好像在"对暗号"的样子。交配之后，雌虫在3~14天间就会在土中产卵，一次最多可产100枚卵，卵形似米粒，呈褐色。

这时候，卵在自然条件下开始孵化。到了第二年的夏天，若虫就会从地里爬出来，倒挂在植物上利用重力进行第一次蜕皮。此时，若虫仍然是若虫，需要经历多次蜕皮，才能变为成虫。

离开灵界村后，我在城市生活已经二三十年了。这一年的秋天，在公园的水泥地上，居然遇见了一只灶马。

蹲着观察它，发现它有点虚弱。也许是因为秋露渐寒，许多昆虫也进入了生命的尾声。我将手机靠近

身边的 自然 课

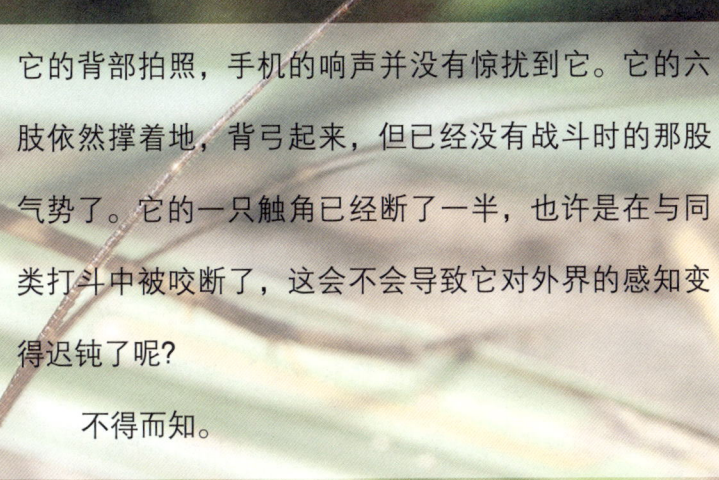

它的背部拍照，手机的响声并没有惊扰到它。它的六肢依然撑着地，背弓起来，但已经没有战斗时的那股气势了。它的一只触角已经断了一半，也许是在与同类打斗中被咬断了，这会不会导致它对外界的感知变得迟钝了呢？

不得而知。

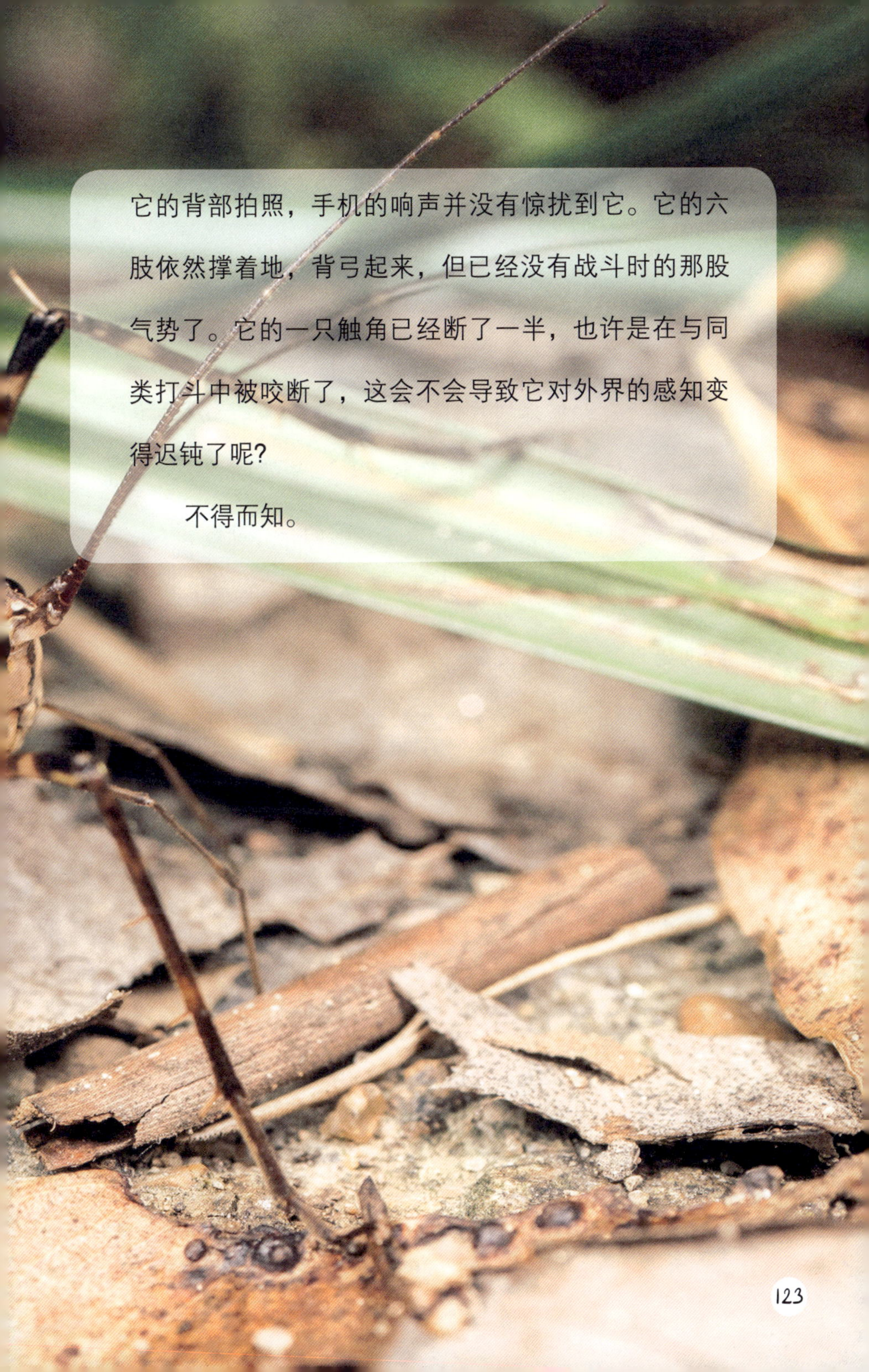

自然课堂

有关灶马的民间传说,挺有趣的。说它是灶王爷的坐骑,这可不得了呀!谁敢惹灶王爷呢?于是,在灶台摆些好吃好喝的祭灶,成了乡间的一种习俗。

灶马在灶台上爬行之时,常会留下一丝不易察觉的痕迹,这种痕迹便是"马迹"。因与细微的蜘蛛丝一样让人难以辨识,于是人们便将二者等同起来,并称"蛛丝马迹",用来比喻与事物根源有联系的不明显的线索。

蟑螂：神出鬼没，让人无可奈何

新居还没有搬进来住，我只是启用了书房。晚间，一个人躲在书房，或随意翻书，或记录一两段自然笔记，倒也惬意。

夜已深，起身准备回旧居睡觉。突然，空旷的客厅里出现一只蟑螂。

身边的自然课

"蟑螂!"我几乎是气急败坏了,或者是怒发冲冠了,大喝一声。

蟑螂许是被这突如其来的呼喝声吓蒙了,停在原地一动也不动。

我与蟑螂就这么对峙了一秒,还是两秒,又或者是三秒。总之,那一刻,也许时间是停止了。

待我反应过来,脱下鞋子,准备以鞋灭之的时候,蟑螂似乎也回过了神。于是，就在一瞬间，一秒钟都不到，它就极速穿越客厅，往厨房里钻，直接进入下水道，消失在茫茫的夜色里，留下我怔怔地站在客厅里……

没错，蟑螂就是从下水道爬进我的新居，然后到处寻找食物。可是，我们尚未搬进来，也许它也发觉了，正想原路返回呢，没料到，半夜三更居然还遇到了主人。

蟑螂就这样在我的眼皮底下逃掉了，这对于一直自认为身手敏捷的我来说，简直是一种耻辱。后来查看昆虫图鉴，方觉自己的无知。因为蟑螂的足结构虽简单且细长，但是，它们的六肢却能以 1.5 米/秒的速度极速爬行，瞬间逃离人们的视野。

蟑螂恰如飓风的速度，让人束手无策。记得住在旧居的时候，许许多多个夜深人未静的时候，我手拿拖鞋摸黑冲进厨房，迅速打开灯，然后满地拍打蟑螂。但是，真正成为拖鞋冤魂的蟑螂并不多。更多的时候是，

我眼看着拖鞋砸在蟑螂的背上了，可是将拖鞋翻过来的时候，鞋底仍然空空如也。那些闻"灯"并不丧胆的蟑螂早已逃之夭夭了。

让人深恶痛绝的蟑螂有一个优雅的学名：蜚蠊。我第一次将"蜚蠊"与神出鬼没的蟑螂对上号的时候，真是有点大跌眼镜的感觉。它黑褐色的体色，头小，复眼发达，怎么看都觉得有点贼头贼脑的样子。

蟑螂有着扁平的身体，口器就藏在头部的下方。两条修长的触角，呈丝状。它是渐变态的昆虫，整个生活史只有卵、若虫和成虫三个阶段，并不像那些甲虫一样，还要经过蛹的完全变态。

有时候，我对蟑螂强大的生命力总抱有一种莫名的兴趣。渐渐就发现，蟑螂有一个特别奇怪和原始的卵鞘。它由雌虫从体内分泌出的液体蛋白而形成。这些分泌物在空气的作用下，会变成又坚硬又柔韧的卵包。卵包里面装满了蟑螂卵。雌虫将卵鞘挂在腹部末端，

四处活动,直至接近孵化时,就将若虫散得遍地都是,叫人苦恼不已。

藏在家里的蟑螂大多数的时候都是夜晚才出来活动,不仅仅是为了躲避人类,还可以避开捕食者。蟑螂细长的触角就像盲人的探路器,能够在黑暗的夜色下探明前方的敌情。通过进化而来的生存技能,蟑螂可以倒转身体,将头对外,然后将身子缩进石缝里,或者墙板间。

更重要的是,蟑螂的触角此时正伸出来,四处探摸,在确认周围环境安全时,才鬼鬼祟祟地爬出来,然后大摇大摆地在厨房里,或者走廊上,寻找食物残渣;又或者爬进锅里、杯里或盆里,明目张胆地拉一泡屎,然后若无其事地走掉……

自然课堂

想必许多人也会像我一样纳闷：现在的科技这么发达，科学家研制出这么多灭蟑螂的药方，为什么不能将蟑螂赶尽杀绝呢？

我倒是做过一个小小的试验：拿灭蟑螂的药去灭一只蟑螂成虫，效果确实立竿见影；但是，如果将灭蟑螂的药喷洒在蟑螂的卵鞘上，却一点作用都没有。因为卵鞘有一层保护性屏障，保护着内部卵的安全。待卵孵化成成虫了，那些喷洒在卵鞘上的灭蟑螂的药也已失效。

还有一个让人崩溃的事实，就是将蟑螂的头砍掉，它仍然可以存活一周。在临死前，蟑螂还可以排卵生育，这样看来我们真拿它们一点办法都没有。

后 记

我的自然文学写作之路

应该说,出生在雷州半岛的孩子,或多或少都懂得"雷"的脾气。这里三面环海,多吹亚热带季风,雨不多,甚至一到秋冬季就缺雨。要是遇上打雷,雷公就会贴着地面滚呀滚,震耳欲聋,像放在地面上被点着的鞭炮一样,响个不停。

客观地说,出生在灵界村的孩子,或多或少都有一点"雷"的脾气。也许,真的是"一方水土养育一方人",我大抵就是这样的孩子——像"雷"一般的急躁,像"雷"一般的暴烈,像"雷"一般的冲动。

这是自然的底色,造就了我"雷"一般的习性,也培育了我"雷"一般的秉性。于是,我越发喜欢"雷",喜欢自然。

后 记

记忆里,灵界村绿树绕村,群鸟翻飞,举目之处,皆为自然。年少时,日子虽贫穷,心灵却是富足的。因为能够与大自然亲密接触,这本身就是一种幸福。

赤脚跑过茫茫的山野,随手可摘山捻果,下河摸鱼虾,甚至可以挥着锄头去追赶一只野兽……这样的自然图景,一直蕴藏在我的心灵深处,自然而然,滋润了我的写作。

也正因为如此,当我系统地为孩子们创作自然文学时,仿佛一条鱼游回到了水域,一下子就打开了自然的大门。这样的感觉,就像故乡迎接一个游子般亲切而激动,温暖而感动。

自然儿童诗领我走进自然文学之门

清楚地记得,2012年前后,我陷入一种职业的厌倦。这种厌倦像河水翻滚过来，随时可能将我淹没。我恐惧，我慌乱，我逃避。

虽然雷州半岛三面环海，且灵界村还有一座清澈的水库。可是，笨手笨脚的我始终没有学会游泳。水一来，我就像一只旱鸭子，嘎嘎地乱叫，扑腾着沉重的"翅膀"，四处逃窜。

那一年，我的感觉就是自己变成了那只旱鸭子，拼命逃窜，何去何从，不得而知。

突然有一天，我走进了山野，看到了鸟从眼前翻飞，听到了虫在耳际鸣叫，甚至闻到了连微风里都带着湿湿的、黏黏的大自然的味道。我的视觉打开了，我的听觉打开了，我的嗅觉打开了，整个人仿佛"活"了过来。

是啊，我应该像鸟一样飞跃，像虫一样歌唱，像树一样挺立，像草一样繁茂。我不能让自己无谓地陷入忧伤里，更不能"为赋新词强说愁"……那样的话，连一株小草、一朵小花都会嘲笑我，不是吗？

于是，我开始大量阅读自然图书，从我最熟悉的儿童诗入手，一下子写了很多很多的自然儿童诗。

后 记

这些自然儿童诗像一只又一只的蚂蚁,列着队,从我的眼前爬过。它们要是遇见我,还会停下来,跟我打一声招呼:"您好呀!"

像这首《爱讲礼貌的蚂蚁》,就这样来到了读者的面前:

蚂蚁忙着赶路

去搬一只大昆虫

路上见个面

你碰碰我,我碰碰你

雨快要下了

蚂蚁加快了步伐

路上见个面

还是不忘碰一碰

我非常喜欢《爱讲礼貌的蚂蚁》这首诗,经常给孩子们朗读,后来还收录在我的自然儿童诗绘本《牵着蜗牛去散步》里。

在2012年至2013年间，我先后写了100多首自然儿童诗，并且精选成4本小书，分别是《牵着蜗牛去散步》《带着蜻蜓去飞行》《跟着种子去冒险》《随椰子果去漂流》，由福建人民出版社出版发行，且卖得很不错，得到了小读者的认可。

可以这么说，自然儿童诗就是这样领我走进了自然文学的大门。想必，我应该好好感谢大自然给予的灵感，不是吗？

自然散文让我走上自然文学之路

2019年的夏天，我的生命之河正汹涌向前奔跑的时候，突然拐了一个弯，又慢了下来……

我深知，人生沉浮，命运无常，有时候并不由得了自己。与其哀叹命运的不公，不如振作起来。于是，我又一头扎进了书海。

这一次，我选择了自然散文。

后记

窃认为,自然散文会给我一种"行到水穷处,坐看云起时"的闲情,又或者有一种"雨中山果落,灯下草虫鸣"的静谧,这恰恰是我当下最需要的心境。

此时此刻,能够让我疗伤的,恐怕只有故乡的山水草木和鸟兽鱼虫了。这些年,我在匆忙的人生旅程里已经遗忘了它们,可是它们未曾将我遗弃,而是以宽厚的怀抱迎接我,像母亲站在村口迎接我一样。

奇妙的事情,就发生在2020年春节前后。一场突如其来的疫情就是在这个时候出现的,回乡下过年的我滞留在故乡。与其焦虑于返城的事,不如醉心于乡野的闲。

于是,我每天绕着村庄一遍一遍地寻找,寻找少年的痕迹,寻找少年记忆里的一树一草一虫,还有时常在天空翻飞的鸟。

我开始静下心来,重新去认识每一只鸟,麻雀、翠鸟、红耳鹎;也重新识别每一棵植物,龙眼、荔枝,还有金钱草,甚至是菜园子里的每一棵蔬菜;还去跟每一条虫子打招呼,螳螂、萤火虫、"伪装大师"竹节虫和"白天不接电话"的蟋蟀……

更为奇妙的事情来了,它们像一个个久违的朋友,来到了我的面前,来到了我的书稿里,跟我握手,跟我寒暄,争先恐后地跟我诉说年少时与我玩过的游戏,以及我们之间曾经发生过的故事。

像是什么在召唤我,召唤我回到书桌前。于是,我开始了自然散文的写作。从观鸟笔记开始,我一下子觉得,那些鸟亲切如故人,它们一只又一只飞到我的面前,叽叽喳喳道:"您好呀!"

我不能再辜负一只小鸟对我的期待,于是奋笔疾书,一连写了很多很多野鸟的故事,接着还写了虫子的故事、树木的故事、杂草的故事、野花的故事……

回顾我的自然文学写作之路,我始终对大自然抱有一颗感恩的心,感恩大自然的润泽,也感恩大自然的宽恕。

因为每每在我遇到艰难险阻的时候,大自然总是向我敞开怀抱,拥我入怀,慰藉我的心灵,鼓舞我重新出发。

谢谢您,大自然!

何腾江